Practicar

Eureka Math®
3.er grado
Módulos 1–4

Publicado por Great Minds®.

Copyright © 2019 Great Minds®.

Impreso en los EE. UU.
Este libro puede comprarse en la editorial en eureka-math.org.
2 3 4 5 6 7 8 9 10   BAB   25 24 23

ISBN 978-1-64054-897-8

G3-SPA-M1-M4-P-05.2019

Aprender • Practicar • Triunfar

Los materiales del estudiante de *Eureka Math®* para *Una historia de unidades™* (K–5) están disponibles en la trilogía *Aprender, Practicar, Triunfar*. Esta serie apoya la diferenciación y la recuperación y, al mismo tiempo, permite la accesibilidad y la organización de los materiales del estudiante. Los educadores descubrirán que la trilogía *Aprender, Practicar y Triunfar* también ofrece recursos consistentes con la Respuesta a la intervención (RTI, por sus siglas en inglés), las prácticas complementarias y el aprendizaje durante el verano que, por ende, son de mayor efectividad.

Aprender

Aprender de *Eureka Math* constituye un material complementario en clase para el estudiante, a través del cual pueden mostrar su razonamiento, compartir lo que saben y observar cómo adquieren conocimientos día a día. *Aprender* reúne el trabajo en clase—la Puesta en práctica, los Boletos de salida, los Grupos de problemas, las plantillas—en un volumen de fácil consulta y al alcance del usuario.

Practicar

Cada lección de *Eureka Math* comienza con una serie de actividades de fluidez que promueven la energía y el entusiasmo, incluyendo aquellas que se encuentran en *Practicar* de *Eureka Math*. Los estudiantes con fluidez en las operaciones matemáticas pueden dominar más material, con mayor profundidad. En *Practicar*, los estudiantes adquieren competencia en las nuevas capacidades adquiridas y refuerzan el conocimiento previo a modo de preparación para la próxima lección.

En conjunto, *Aprender* y *Practicar* ofrecen todo el material impreso que los estudiantes utilizarán para su formación básica en matemáticas.

Triunfar

Triunfar de *Eureka Math* permite a los estudiantes trabajar individualmente para adquirir el dominio. Estos grupos de problemas complementarios están alineados con la enseñanza en clase, lección por lección, lo que hace que sean una herramienta ideal como tarea o práctica suplementaria. Con cada grupo de problemas se ofrece una Ayuda para la tarea, que consiste en un conjunto de problemas resueltos que muestran, a modo de ejemplo, cómo resolver problemas similares.

Los maestros y los tutores pueden recurrir a los libros de *Triunfar* de grados anteriores como instrumentos acordes con el currículo para solventar las deficiencias en el conocimiento básico. Los estudiantes avanzarán y progresarán con mayor rapidez gracias a la conexión que permiten hacer los modelos ya conocidos con el contenido del grado escolar actual del estudiante.

Estudiantes, familias y educadores:

Gracias por formar parte de la comunidad de *Eureka Math*®, donde celebramos la dicha, el asombro y la emoción que producen las matemáticas. Una de las formas más evidentes de demostrar nuestro entusiasmo son las actividades de fluidez que ofrece Practicar de *Eureka Math*.

¿En qué consiste la fluidez en matemáticas?

Es natural asociar *fluidez* con la disciplina de lengua y literatura, donde se refiere a hablar y escribir con facilidad. Desde prekínder hasta 5.º grado, el currículo de *Eureka Math* ofrece diversas oportunidades, día a día, de consolidar la fluidez *en matemáticas*. Cada una de ellas está diseñada con el mismo concepto—aumentar la habilidad de todos los estudiantes de usar las matemáticas *con facilidad*—. El ritmo de las actividades de fluidez suele ser rápido y energético, celebrando el avance y concentrándose en el reconocimiento de patrones y asociaciones en el material. Estas actividades no tienen como objetivo dar calificaciones.

Las actividades de fluidez de *Eureka Math* brindan una práctica diferenciada a través de diversos formatos—algunas se realizan en forma oral, otras emplean materiales didácticos, otras utilizan una pizarra personal y otras incluso usan una guía de estudio y el formato de papel y lápiz—. *Practicar* de *Eureka Math* brinda a cada estudiante ejercicios de fluidez impresos correspondientes a su grado.

¿Qué es un Sprint?

Muchas de las actividades de fluidez impresas utilizan el formato denominado Sprint. Estos ejercicios desarrollan la velocidad y la exactitud en las destrezas que ya se han adquirido. Los Sprints, que se utilizan cuando los estudiantes ya están alcanzando un nivel de dominio óptimo, aprovechan el ritmo para provocar una pequeña descarga de adrenalina que aumenta la memoria y la retención. El diseño deliberado de los Sprints los hace diferenciados por naturaleza; los problemas van de sencillos a complejos, donde el primer cuadrante de los problemas es el más sencillo y la complejidad aumenta en los cuadrantes subsiguientes. Además, los patrones intencionales en la secuencia de los problemas obligan a los estudiantes a aplicar un razonamiento de nivel superior.

El formato sugerido para trabajar con un Sprint requiere que el estudiante realice dos Sprints consecutivos (identificados como A y B) para la misma destreza, en el lapso cronometrado de un minuto cada uno. Los estudiantes hacen una pausa entre los Sprints para expresar los patrones que identificaron al trabajar en el primer Sprint. El reconocimiento de patrones suele mejorar naturalmente el rendimiento en el segundo Sprint.

También es posible llevar a cabo los Sprint sin cronometrar el tiempo. Se recomienda especialmente no utilizar el cronometraje cuando los estudiantes aún están adquiriendo confianza en el nivel de complejidad del primer cuadrante de los problemas. Una vez que todos los estudiantes se encuentran preparados para llevar a cabo los Sprint con éxito, suele resultar estimulante y positivo comenzar a trabajar para mejorar la velocidad y la exactitud, aprovechando la energía que produce el uso del cronómetro.

¿Dónde puedo encontrar otras actividades de fluidez?

La *Edición del maestro* de *Eureka Math* guía a los educadores en el uso de las actividades de fluidez de cada lección, incluso aquellas que no requieren material impreso. Además, a través de *Eureka Digital Suite* se puede acceder a las actividades de fluidez de todos los grados, y es posible hacer una búsqueda por estándar o lección.

¡Les deseo un año colmado de momentos "¡ajá!"!

Jill Diniz

Jill Diniz
Jill Diniz Directora de matemáticas
Great Minds

Contenido

Módulo 1

Módulo 2

Módulo 3

Módulo 4

3.er grado

Módulo 1

A

Respuestas correctas: _____

Suma o resta usando 2

1.	0 + 2 =	
2.	2 + 2 =	
3.	4 + 2 =	
4.	6 + 2 =	
5.	8 + 2 =	
6.	10 + 2 =	
7.	12 + 2 =	
8.	14 + 2 =	
9.	16 + 2 =	
10.	18 + 2 =	
11.	20 – 2 =	
12.	18 – 2 =	
13.	16 – 2 =	
14.	14 – 2 =	
15.	12 – 2 =	
16.	10 – 2 =	
17.	8 – 2 =	
18.	6 – 2 =	
19.	4 – 2 =	
20.	2 – 2 =	
21.	2 + 0 =	
22.	2 + 2 =	

23.	2 + 4 =	
24.	2 + 6 =	
25.	2 + 8 =	
26.	2 + 10 =	
27.	2 + 12 =	
28.	2 + 14 =	
29.	2 + 16 =	
30.	2 + 18 =	
31.	0 + 22 =	
32.	22 + 22 =	
33.	44 + 22 =	
34.	66 + 22 =	
35.	88 – 22 =	
37.	66 – 22 =	
36.	44 – 22 =	
38.	22 – 22 =	
39.	22 + 0 =	
40.	22 + 22 =	
41.	22 + 44 =	
42.	66 + 22 =	
43.	888 – 222 =	
44.	666 – 222 =	

EUREKA MATH

Lección 2:   Relacionar la multiplicación con el modelo de matriz.

3

© 2019 Great Minds®. eureka-math.org

B

Respuestas correctas: _____

Mejora: _____

Suma o resta usando 2

1.	2 + 0 =		23.	4 + 2 =	
2.	2 + 2 =		24.	6 + 2 =	
3.	2 + 4 =		25.	8 + 2 =	
4.	2 + 6 =		26.	10 + 2 =	
5.	2 + 8 =		27.	12 + 2 =	
6.	2 + 10 =		28.	14 + 2 =	
7.	2 + 12 =		29.	16 + 2 =	
8.	2 + 14 =		30.	18 + 2 =	
9.	2 + 16 =		31.	0 + 22 =	
10.	2 + 18 =		32.	22 + 22 =	
11.	20 − 2 =		33.	22 + 44 =	
12.	18 − 2 =		34.	66 + 22 =	
13.	16 − 2 =		35.	88 − 22 =	
14.	14 − 2 =		37.	66 − 22 =	
15.	12 − 2 =		36.	44 − 22 =	
16.	10 − 2 =		38.	22 − 22 =	
17.	8 − 2 =		39.	22 + 0 =	
18.	6 − 2 =		40.	22 + 22 =	
19.	4 − 2 =		41.	22 + 44 =	
20.	2 − 2 =		42.	66 + 22 =	
21.	0 + 2 =		43.	666 − 222 =	
22.	2 + 2 =		44.	888 − 222 =	

EUREKA MATH

Lección 2:   Relacionar la multiplicación con el modelo de matriz.

5

A

Respuestas correctas: _____

Sumar grupos iguales

1.	2 + 2 =	
2.	2 dos =	
3.	5 + 5 =	
4.	2 cincos =	
5.	2 + 2 + 2 =	
6.	3 dos =	
7.	2 + 2 + 2 + 2 =	
8.	4 dos =	
9.	5 + 5 + 5 =	
10.	3 cincos =	
11.	5 + 5 + 5 + 5 =	
12.	4 cincos =	
13.	2 cuatros =	
14.	4 + 4 =	
15.	2 tres =	
16.	3 + 3 =	
17.	2 seises =	
18.	6 + 6 =	
19.	5 dos =	
20.	2 + 2 + 2 + 2 + 2 =	
21.	5 cincos =	
22.	5 + 5 + 5 + 5 + 5 =	

23.	7 + 7 =	
24.	2 sietes =	
25.	9 + 9 =	
26.	2 nueves =	
27.	8 + 8 =	
28.	2 ochos =	
29.	3 + 3 + 3 =	
30.	3 tres =	
31.	4 + 4 + 4 =	
32.	3 cuatros =	
33.	3 + 3 + 3 + 3 =	
34.	4 tres =	
35.	4 cincos =	
37.	5 + 5 + 5 + 5 =	
36.	3 seises =	
38.	6 + 6 + 6 =	
39.	3 ochos =	
40.	8 + 8 + 8 =	
41.	3 sietes =	
42.	7 + 7 + 7 =	
43.	3 nueves =	
44.	9 + 9 + 9 =	

EUREKA MATH

Lección 3: Interpretar el significado de los factores, el tamaño del grupo o el
           número de grupos.

© 2019 Great Minds®. eureka-math.org

7

B

Respuestas correctas: _____

Mejora: _____

Sumar grupos iguales

1.	5 + 5 =		23.	8 + 8 =	
2.	2 cincos =		24.	2 ochos =	
3.	2 + 2 =		25.	7 + 7 =	
4.	2 dos =		26.	2 sietes =	
5.	5 + 5 + 5 =		27.	9 + 9 =	
6.	3 cincos =		28.	2 nueves =	
7.	5 + 5 + 5 + 5 =		29.	3 + 3 + 3 + 3 =	
8.	4 cincos =		30.	4 tres =	
9.	2 + 2 + 2 =		31.	4 + 4 + 4 =	
10.	3 dos =		32.	3 cuatros =	
11.	2 + 2 + 2 + 2 =		33.	3 + 3 + 3 =	
12.	4 dos =		34.	3 tres =	
13.	2 tres =		35.	4 cincos =	
14.	3 + 3 =		37.	5 + 5 + 5 + 5 =	
15.	2 seises =		36.	3 sietes =	
16.	6 + 6 =		38.	7 + 7 + 7 =	
17.	2 cuatros =		39.	3 nueves =	
18.	4 + 4 =		40.	9 + 9 + 9 =	
19.	5 cincos =		41.	3 seises =	
20.	5 + 5 + 5 + 5 + 5 =		42.	6 + 6 + 6 =	
21.	5 dos =		43.	3 ochos =	
22.	2 + 2 + 2 + 2 + 2 =		44.	8 + 8 + 8 =	

EUREKA MATH®

Lección 3:   Interpretar el significado de los factores, el tamaño del grupo o el número de grupos.

© 2019 Great Minds®. eureka-math.org

9

A

Respuestas correctas: _____

Suma repetida como multiplicación

1.	5 + 5 + 5 =	
2.	3 × 5 =	
3.	5 × 3 =	
4.	2 + 2 + 2 =	
5.	3 × 2 =	
6.	2 × 3 =	
7.	5 + 5 =	
8.	2 × 5 =	
9.	5 × 2 =	
10.	2 + 2 + 2 + 2 =	
11.	4 × 2 =	
12.	2 × 4 =	
13.	2 + 2 + 2 + 2 + 2 =	
14.	5 × 2 =	
15.	2 × 5 =	
16.	3 + 3 =	
17.	2 × 3 =	
18.	3 × 2 =	
19.	5 + 5 + 5 + 5 =	
20.	4 × 5 =	
21.	5 × 4 =	
22.	2 × 2 =	

23.	3 + 3 + 3 + 3 =	
24.	4 × 3 =	
25.	3 × 4 =	
26.	3 + 3 + 3 =	
27.	3 × 3 =	
28.	3 + 3 + 3 + 3 + 3 =	
29.	5 × 3 =	
30.	3 × 5 =	
31.	7 + 7 =	
32.	2 × 7 =	
33.	7 × 2 =	
34.	9 + 9 =	
35.	2 × 9 =	
37.	9 × 2 =	
36.	6 + 6 =	
38.	6 × 2 =	
39.	2 × 6 =	
40.	8 + 8 =	
41.	2 × 8 =	
42.	8 × 2 =	
43.	7 + 7 + 7 + 7 =	
44.	4 × 7 =	

Lección 4: Comprender el significado de la incógnita como el tamaño del grupo en la división.

© 2019 Great Minds®. eureka-math.org

11

B

Respuestas correctas: _____

Mejora: _____

Suma repetida como multiplicación

1.	$2 + 2 + 2 =$		23.	$4 + 4 + 4 =$	
2.	$3 \times 2 =$		24.	$3 \times 4 =$	
3.	$2 \times 3 =$		25.	$4 \times 3 =$	
4.	$5 + 5 + 5 =$		26.	$4 + 4 + 4 + 4 =$	
5.	$3 \times 5 =$		27.	$4 \times 4 =$	
6.	$5 \times 3 =$		28.	$4 + 4 + 4 + 4 + 4 =$	
7.	$2 + 2 + 2 + 2 =$		29.	$4 \times 5 =$	
8.	$4 \times 2 =$		30.	$5 \times 4 =$	
9.	$2 \times 4 =$		31.	$6 + 6 =$	
10.	$5 + 5 =$		32.	$6 \times 2 =$	
11.	$2 \times 5 =$		33.	$2 \times 6 =$	
12.	$5 \times 2 =$		34.	$8 + 8 =$	
13.	$3 + 3 =$		35.	$2 \times 8 =$	
14.	$2 \times 3 =$		37.	$8 \times 2 =$	
15.	$3 \times 2 =$		36.	$7 + 7 =$	
16.	$2 + 2 + 2 + 2 + 2 =$		38.	$2 \times 7 =$	
17.	$5 \times 2 =$		39.	$7 \times 2 =$	
18.	$2 \times 5 =$		40.	$9 + 9 =$	
19.	$5 + 5 + 5 + 5 =$		41.	$2 \times 9 =$	
20.	$4 \times 5 =$		42.	$9 \times 2 =$	
21.	$5 \times 4 =$		43.	$6 + 6 + 6 + 6 =$	
22.	$2 \times 2 =$		44.	$4 \times 6 =$	

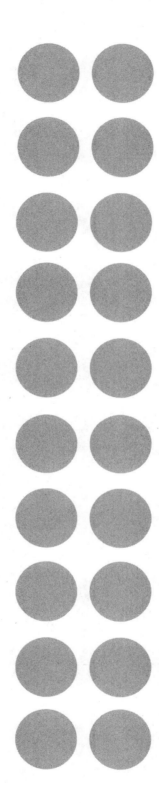

matriz de dos

Lección 7:   Demostrar la propiedad conmutativa de la multiplicación y practicar
las operaciones relacionadas al contar objetos de manera salteada en
modelos de matriz.

15

© 2019 Great Minds®. eureka-math.org

Multiplica.

2 x 1 = _____   2 x 2 = _____   2 x 3 = _____   2 x 4 = _____

2 x 5 = _____   2 x 1 = _____   2 x 2 = _____   2 x 1 = _____

2 x 3 = _____   2 x 1 = _____   2 x 4 = _____   2 x 1 = _____

2 x 5 = _____   2 x 1 = _____   2 x 2 = _____   2 x 3 = _____

2 x 2 = _____   2 x 4 = _____   2 x 2 = _____   2 x 5 = _____

2 x 2 = _____   2 x 1 = _____   2 x 2 = _____   2 x 3 = _____

2 x 1 = _____   2 x 3 = _____   2 x 2 = _____   2 x 3 = _____

2 x 4 = _____   2 x 3 = _____   2 x 5 = _____   2 x 3 = _____

2 x 4 = _____   2 x 1 = _____   2 x 4 = _____   2 x 2 = _____

2 x 4 = _____   2 x 3 = _____   2 x 4 = _____   2 x 5 = _____

2 x 4 = _____   2 x 5 = _____   2 x 1 = _____   2 x 5 = _____

2 x 2 = _____   2 x 5 = _____   2 x 3 = _____   2 x 5 = _____

2 x 4 = _____   2 x 2 = _____   2 x 4 = _____   2 x 3 = _____

2 x 5 = _____   2 x 3 = _____   2 x 2 = _____   2 x 4 = _____

2 x 3 = _____   2 x 5 = _____   2 x 2 = _____   2 x 4 = _____

multiplicar por 2 (1–5)

Lección 9: Encontrar las operaciones de multiplicación relacionadas sumando y restando grupos iguales en modelos de matriz.

17

© 2019 Great Minds®. eureka-math.org

Multiplica.

2 x 1 = _____   2 x 2 = _____   2 x 3 = _____   2 x 4 = _____

2 x 5 = _____   2 x 6 = _____   2 x 7 = _____   2 x 8 = _____

2 x 9 = _____   2 x 10 = _____   2 x 5 = _____   2 x 6 = _____

2 x 5 = _____   2 x 7 = _____   2 x 5 = _____   2 x 8 = _____

2 x 5 = _____   2 x 9 = _____   2 x 5 = _____   2 x 10 = _____

2 x 6 = _____   2 x 5 = _____   2 x 6 = _____   2 x 7 = _____

2 x 6 = _____   2 x 8 = _____   2 x 6 = _____   2 x 9 = _____

2 x 6 = _____   2 x 7 = _____   2 x 6 = _____   2 x 7 = _____

2 x 8 = _____   2 x 7 = _____   2 x 9 = _____   2 x 7 = _____

2 x 8 = _____   2 x 6 = _____   2 x 8 = _____   2 x 7 = _____

2 x 8 = _____   2 x 9 = _____   2 x 9 = _____   2 x 6 = _____

2 x 9 = _____   2 x 7 = _____   2 x 9 = _____   2 x 8 = _____

2 x 9 = _____   2 x 8 = _____   2 x 6 = _____   2 x 9 = _____

2 x 7 = _____   2 x 9 = _____   2 x 6 = _____   2 x 8 = _____

2 x 9 = _____   2 x 7 = _____   2 x 6 = _____   2 x 8 = _____

multiplicar por 2 (6–10)

Lección 10:   Modelar la propiedad distributiva con matrices para descomponer múltiplos como una estrategia para multiplicar.

19

© 2019 Great Minds®. eureka-math.org

Multiplica.

3 x 1 = _____   3 x 2 = _____   3 x 3 = _____   3 x 4 = _____

3 x 5 = _____   3 x 1 = _____   3 x 2 = _____   3 x 1 = _____

3 x 3 = _____   3 x 1 = _____   3 x 4 = _____   3 x 1 = _____

3 x 5 = _____   3 x 1 = _____   3 x 2 = _____   3 x 3 = _____

3 x 2 = _____   3 x 4 = _____   3 x 2 = _____   3 x 5 = _____

3 x 2 = _____   3 x 1 = _____   3 x 2 = _____   3 x 3 = _____

3 x 1 = _____   3 x 3 = _____   3 x 2 = _____   3 x 3 = _____

3 x 4 = _____   3 x 3 = _____   3 x 5 = _____   3 x 3 = _____

3 x 4 = _____   3 x 1 = _____   3 x 4 = _____   3 x 2 = _____

3 x 4 = _____   3 x 3 = _____   3 x 4 = _____   3 x 5 = _____

3 x 4 = _____   3 x 5 = _____   3 x 1 = _____   3 x 5 = _____

3 x 2 = _____   3 x 5 = _____   3 x 3 = _____   3 x 5 = _____

3 x 4 = _____   3 x 2 = _____   3 x 4 = _____   3 x 3 = _____

3 x 5 = _____   3 x 3 = _____   3 x 2 = _____   3 x 4 = _____

3 x 3 = _____   3 x 5 = _____   3 x 2 = _____   3 x 4 = _____

multiplicar por 3 (1–5)

   Lección 11:   Modelar la división como el factor desconocido en la multiplicación utilizando matrices y diagramas de cinta.   21

© 2019 Great Minds®. eureka-math.org

Multiplica.

3 x 1 = _____   3 x 2 = _____   3 x 3 = _____   3 x 4 = _____

3 x 5 = _____   3 x 6 = _____   3 x 7 = _____   3 x 8 = _____

3 x 9 = _____   3 x 10 = _____   3 x 5 = _____   3 x 6 = _____

3 x 5 = _____   3 x 7 = _____   3 x 5 = _____   3 x 8 = _____

3 x 5 = _____   3 x 9 = _____   3 x 5 = _____   3 x 10 = _____

3 x 6 = _____   3 x 5 = _____   3 x 6 = _____   3 x 7 = _____

3 x 6 = _____   3 x 8 = _____   3 x 6 = _____   3 x 9 = _____

3 x 6 = _____   3 x 7 = _____   3 x 6 = _____   3 x 7 = _____

3 x 8 = _____   3 x 7 = _____   3 x 9 = _____   3 x 7 = _____

3 x 8 = _____   3 x 6 = _____   3 x 8 = _____   3 x 7 = _____

3 x 8 = _____   3 x 9 = _____   3 x 9 = _____   3 x 6 = _____

3 x 9 = _____   3 x 7 = _____   3 x 9 = _____   3 x 8 = _____

3 x 9 = _____   3 x 8 = _____   3 x 6 = _____   3 x 9 = _____

3 x 7 = _____   3 x 9 = _____   3 x 6 = _____   3 x 8 = _____

3 x 9 = _____   3 x 7 = _____   3 x 6 = _____   3 x 8 = _____

multiplicar por 3 (6–10)

A

Respuestas correctas: _____

Multiplicar por 2 o dividir entre 2.

1.	$2 \times 2 =$	
2.	$3 \times 2 =$	
3.	$4 \times 2 =$	
4.	$5 \times 2 =$	
5.	$1 \times 2 =$	
6.	$4 + 2 =$	
7.	$6 \div 2 =$	
8.	$10 \div 2 =$	
9.	$2 \div 1 =$	
10.	$8 \div 2 =$	
11.	$6 \times 2 =$	
12.	$7 \times 2 =$	
13.	$8 \times 2 =$	
14.	$9 \times 2 =$	
15.	$10 \times 2 =$	
16.	$16 \div 2 =$	
17.	$14 \div 2 =$	
18.	$18 \div 2 =$	
19.	$12 \div 2 =$	
20.	$20 \div 2 =$	
21.	$\_\_ \times 2 = 10$	
22.	$\_\_ \times 2 = 12$	

23.	$\_\_ \times 2 = 20$	
24.	$\_\_ \times 2 = 4$	
25.	$\_\_ \times 2 = 6$	
26.	$20 \div 2 =$	
27.	$10 \div 2 =$	
28.	$2 \div 1 =$	
29.	$4 \div 2 =$	
30.	$6 \div 2 =$	
31.	$\_\_ \times 2 = 12$	
32.	$\_\_ \times 2 = 14$	
33.	$\_\_ \times 2 = 18$	
34.	$\_\_ \times 2 = 16$	
35.	$14 \div 2 =$	
37.	$18 \div 2 =$	
36.	$12 \div 2 =$	
38.	$16 \div 2 =$	
39.	$11 \times 2 =$	
40.	$22 \div 2 =$	
41.	$12 \times 2 =$	
42.	$24 \div 2 =$	
43.	$14 \times 2 =$	
44.	$28 \div 2 =$	

EUREKA MATH®

Lección 13:   Interpretar el cociente como la cantidad de grupos o la cantidad de objetos en cada grupo usando unidades de 3.

25

B

Respuestas correctas: _____

Mejora: _____

Multiplicar por 2 o dividir entre 2.

1.	$1 \times 2 =$	
2.	$2 \times 2 =$	
3.	$3 \times 2 =$	
4.	$4 \times 2 =$	
5.	$5 \times 2 =$	
6.	$6 \div 2 =$	
7.	$4 \div 2 =$	
8.	$8 \div 2 =$	
9.	$2 \div 1 =$	
10.	$10 \div 2 =$	
11.	$10 \times 2 =$	
12.	$6 \times 2 =$	
13.	$7 \times 2 =$	
14.	$8 \times 2 =$	
15.	$9 \times 2 =$	
16.	$14 \div 2 =$	
17.	$12 \div 2 =$	
18.	$16 \div 2 =$	
19.	$20 \div 2 =$	
20.	$18 \div 2 =$	
21.	$\underline{\quad} \times 2 = 12$	
22.	$\underline{\quad} \times 2 = 10$	

23.	$\underline{\quad} \times 2 = 4$	
24.	$\underline{\quad} \times 2 = 20$	
25.	$\underline{\quad} \times 2 = 6$	
26.	$4 \div 2 =$	
27.	$2 \div 1 =$	
28.	$20 \div 2 =$	
29.	$10 \div 2 =$	
30.	$6 \div 2 =$	
31.	$\underline{\quad} \times 2 = 12$	
32.	$\underline{\quad} \times 2 = 16$	
33.	$\underline{\quad} \times 2 = 18$	
34.	$\underline{\quad} \times 2 = 14$	
35.	$16 \div 2 =$	
37.	$18 \div 2 =$	
36.	$12 \div 2 =$	
38.	$14 \div 2 =$	
39.	$11 \times 2 =$	
40.	$22 \div 2 =$	
41.	$12 \times 2 =$	
42.	$24 \div 2 =$	
43.	$13 \times 2 =$	
44.	$26 \div 2 =$	

EUREKA MATH®

Lección 13:   Interpretar el cociente como la cantidad de grupos o la cantidad de
objetos en cada grupo usando unidades de 3.

© 2019 Great Minds®. eureka-math.org

27

A

Respuestas correctas: _____

Multiplicar por 3 o dividir entre 3

1.	$2 \times 3 =$	
2.	$3 \times 3 =$	
3.	$4 \times 3 =$	
4.	$5 \times 3 =$	
5.	$1 \times 3 =$	
6.	$6 \div 3 =$	
7.	$9 \div 3 =$	
8.	$15 \div 3 =$	
9.	$3 \div 1 =$	
10.	$12 \div 3 =$	
11.	$6 \times 3 =$	
12.	$7 \times 3 =$	
13.	$8 \times 3 =$	
14.	$9 \times 3 =$	
15.	$10 \times 3 =$	
16.	$24 \div 3 =$	
17.	$21 \div 3 =$	
18.	$27 \div 3 =$	
19.	$18 \div 3 =$	
20.	$30 \div 3 =$	
21.	$\underline{\quad} \times 3 = 15$	
22.	$\underline{\quad} \times 3 = 12$	

23.	$\underline{\quad} \times 3 = 30$	
24.	$\underline{\quad} \times 3 = 6$	
25.	$\underline{\quad} \times 3 = 9$	
26.	$30 \div 3 =$	
27.	$15 \div 3 =$	
28.	$3 \div 1 =$	
29.	$6 \div 3 =$	
30.	$9 \div 3 =$	
31.	$\underline{\quad} \times 3 = 18$	
32.	$\underline{\quad} \times 3 = 21$	
33.	$\underline{\quad} \times 3 = 27$	
34.	$\underline{\quad} \times 3 = 24$	
35.	$21 \div 3 =$	
37.	$27 \div 3 =$	
36.	$18 \div 3 =$	
38.	$24 \div 3 =$	
39.	$11 \times 3 =$	
40.	$33 \div 3 =$	
41.	$12 \times 3 =$	
42.	$36 \div 3 =$	
43.	$13 \times 3 =$	
44.	$39 \div 3 =$	

EUREKA MATH   **Lección 14:**   Contar objetos de manera salteada en modelos para desarrollar fluidez con operaciones de multiplicación usando unidades de 4.   29

© 2019 Great Minds®. eureka-math.org

B

Multiplicar por 3 o dividir entre 3

1.	$1 \times 3 =$	
2.	$2 \times 3 =$	
3.	$3 \times 3 =$	
4.	$4 \times 3 =$	
5.	$5 \times 3 =$	
6.	$9 \div 3 =$	
7.	$6 \div 3 =$	
8.	$12 \div 3 =$	
9.	$3 \div 1 =$	
10.	$15 \div 3 =$	
11.	$10 \times 3 =$	
12.	$6 \times 3 =$	
13.	$7 \times 3 =$	
14.	$8 \times 3 =$	
15.	$9 \times 3 =$	
16.	$21 \div 3 =$	
17.	$18 \div 3 =$	
18.	$24 \div 3 =$	
19.	$30 \div 3 =$	
20.	$27 \div 3 =$	
21.	$\underline{\quad} \times 3 = 12$	
22.	$\underline{\quad} \times 3 = 15$	

23.	$\underline{\quad} \times 3 = 6$	
24.	$\underline{\quad} \times 3 = 30$	
25.	$\underline{\quad} \times 3 = 9$	
26.	$6 \div 3 =$	
27.	$3 \div 1 =$	
28.	$30 \div 3 =$	
29.	$15 \div 3 =$	
30.	$9 \div 3 =$	
31.	$\underline{\quad} \times 3 = 18$	
32.	$\underline{\quad} \times 3 = 24$	
33.	$\underline{\quad} \times 3 = 27$	
34.	$\underline{\quad} \times 3 = 21$	
35.	$24 \div 3 =$	
37.	$27 \div 3 =$	
36.	$18 \div 3 =$	
38.	$21 \div 3 =$	
39.	$11 \times 3 =$	
40.	$33 \div 3 =$	
41.	$12 \times 3 =$	
42.	$36 \div 3 =$	
43.	$13 \times 3 =$	
44.	$39 \div 3 =$	

Lección 14: Contar objetos de manera salteada en modelos para desarrollar fluidez con operaciones de multiplicación usando unidades de 4.

31

Multiplica.

4 x 1 = _____   4 x 2 = _____   4 x 3 = _____   4 x 4 = _____

4 x 5 = _____   4 x 1 = _____   4 x 2 = _____   4 x 1 = _____

4 x 3 = _____   4 x 1 = _____   4 x 4 = _____   4 x 1 = _____

4 x 5 = _____   4 x 1 = _____   4 x 2 = _____   4 x 3 = _____

4 x 2 = _____   4 x 4 = _____   4 x 2 = _____   4 x 5 = _____

4 x 2 = _____   4 x 1 = _____   4 x 2 = _____   4 x 3 = _____

4 x 1 = _____   4 x 3 = _____   4 x 2 = _____   4 x 3 = _____

4 x 4 = _____   4 x 3 = _____   4 x 5 = _____   4 x 3 = _____

4 x 4 = _____   4 x 1 = _____   4 x 4 = _____   4 x 2 = _____

4 x 4 = _____   4 x 3 = _____   4 x 4 = _____   4 x 5 = _____

4 x 4 = _____   4 x 5 = _____   4 x 1 = _____   4 x 5 = _____

4 x 2 = _____   4 x 5 = _____   4 x 3 = _____   4 x 5 = _____

4 x 4 = _____   4 x 2 = _____   4 x 4 = _____   4 x 3 = _____

4 x 5 = _____   4 x 3 = _____   4 x 2 = _____   4 x 4 = _____

4 x 3 = _____   4 x 5 = _____   4 x 2 = _____   4 x 4 = _____

_____

multiplicar por 4 (1–5)

Lección 15:   Relacionar matrices con diagramas de cinta para modelar la
propiedad conmutativa de la multiplicación.

33

Multiplica.

4 x 1 = _____	4 x 2 = _____	4 x 3 = _____	4 x 4 = _____
4 x 5 = _____	4 x 6 = _____	4 x 7 = _____	4 x 8 = _____
4 x 9 = _____	4 x 10 = _____	4 x 6 = _____	4 x 7 = _____
4 x 6 = _____	4 x 8 = _____	4 x 6 = _____	4 x 9 = _____
4 x 6 = _____	4 x 10 = _____	4 x 6 = _____	4 x 7 = _____
4 x 6 = _____	4 x 7 = _____	4 x 8 = _____	4 x 7 = _____
4 x 9 = _____	4 x 7 = _____	4 x 10 = _____	4 x 7 = _____
4 x 8 = _____	4 x 6 = _____	4 x 8 = _____	4 x 7 = _____
4 x 8 = _____	4 x 9 = _____	4 x 8 = _____	4 x 10 = _____
4 x 8 = _____	4 x 9 = _____	4 x 6 = _____	4 x 9 = _____
4 x 7 = _____	4 x 9 = _____	4 x 8 = _____	4 x 9 = _____
4 x 10 = _____	4 x 9 = _____	4 x 10 = _____	4 x 6 = _____
4 x 10 = _____	4 x 7 = _____	4 x 10 = _____	4 x 8 = _____
4 x 10 = _____	4 x 9 = _____	4 x 10 = _____	4 x 6 = _____
4 x 8 = _____	4 x 10 = _____	4 x 7 = _____	4 x 9 = _____

multiplicar por 4 (6–10)

Lección 16:   Usar la propiedad distributiva como estrategia para encontrar
operaciones de multiplicación relacionadas.

© 2019 Great Minds®. eureka-math.org

35

A

Respuestas correctas: _____

Multiplica por o divide entre 4

1.	2 × 4 =	
2.	3 × 4 =	
3.	4 × 4 =	
4.	5 × 4 =	
5.	1 × 4 =	
6.	8 ÷ 4 =	
7.	12 ÷ 4 =	
8.	20 ÷ 4 =	
9.	4 ÷ 1 =	
10.	16 ÷ 4 =	
11.	6 × 4 =	
12.	7 × 4 =	
13.	8 × 4 =	
14.	9 × 4 =	
15.	10 × 4 =	
16.	32 ÷ 4 =	
17.	28 × 4 =	
18.	36 ÷ 4 =	
19.	24 ÷ 4 =	
20.	40 ÷ 4 =	
21.	__ × 4 = 20	
22.	__ × 4 = 24	

23.	__ × 4 = 40	
24.	__ × 4 = 8	
25.	__ × 4 = 12	
26.	40 ÷ 4 =	
27.	20 ÷ 4 =	
28.	4 ÷ 1 =	
29.	8 × 4 =	
30.	12 ÷ 4 =	
31.	__ × 4 = 16	
32.	__ × 4 = 28	
33.	__ × 4 = 36	
34.	__ × 4 = 32	
35.	28 ÷ 4 =	
37.	36 ÷ 4 =	
36.	24 ÷ 4 =	
38.	32 ÷ 4 =	
39.	11 × 4 =	
40.	44 ÷ 4 =	
41.	12 ÷ 4 =	
42.	48 ÷ 4 =	
43.	14 × 4 =	
44.	56 ÷ 4 =	

Lección 17: Modelar la relación entre la multiplicación y la división.

B

Respuestas correctas: _____

Mejora: _____

Multiplica por o divide entre 4

1.	$1 \times 4 =$	
2.	$2 \times 4 =$	
3.	$3 \times 4 =$	
4.	$4 \times 4 =$	
5.	$5 \times 4 =$	
6.	$12 \div 4 =$	
7.	$8 \div 4 =$	
8.	$16 \div 4 =$	
9.	$4 \div 1 =$	
10.	$20 \div 4 =$	
11.	$10 \times 4 =$	
12.	$6 \times 4 =$	
13.	$7 \times 4 =$	
14.	$8 \times 4 =$	
15.	$9 \times 4 =$	
16.	$28 \div 4 =$	
17.	$24 \div 4 =$	
18.	$32 \div 4 =$	
19.	$40 \div 4 =$	
20.	$36 \div 4 =$	
21.	___ $\times 4 = 16$	
22.	___ $\times 4 = 20$	

23.	___ $\times 4 = 8$	
24.	___ $\times 4 = 40$	
25.	___ $\times 4 = 12$	
26.	$8 \div 4 =$	
27.	$4 \div 1 =$	
28.	$40 \div 4 =$	
29.	$20 \div 4 =$	
30.	$12 \div 4 =$	
31.	___ $\times 4 = 12$	
32.	___ $\times 4 = 24$	
33.	___ $\times 4 = 36$	
34.	___ $\times 4 = 28$	
35.	$32 \div 4 =$	
37.	$36 \div 4 =$	
36.	$24 \div 4 =$	
38.	$28 \div 4 =$	
39.	$11 \times 4 =$	
40.	$44 \div 4 =$	
41.	$12 \times 4 =$	
42.	$48 \div 4 =$	
43.	$13 \times 4 =$	
44.	$52 \div 4 =$	

EUREKA MATH®

Lección 17:   Modelar la relación entre la multiplicación y la división.

39

© 2019 Great Minds®. eureka-math.org

A

Respuestas correctas: _____

Suma o resta usando 5.

1.	0 + 5 =		23.	10 + 5 =	
2.	5 + 5 =		24.	15 + 5 =	
3.	10 + 5 =		25.	20 + 5 =	
4.	15 + 5 =		26.	25 + 5 =	
5.	20 + 5 =		27.	30 + 5 =	
6.	25 + 5 =		28.	35 + 5 =	
7.	30 + 5 =		29.	40 + 5 =	
8.	35 + 5 =		30.	45 + 5 =	
9.	40 + 5 =		31.	0 + 50 =	
10.	45 + 5 =		32.	50 + 50 =	
11.	50 × 5 =		33.	50 + 5 =	
12.	45 − 5 =		34.	55 + 5 =	
13.	40 − 5 =		35.	60 − 5 =	
14.	35 − 5 =		37.	55 − 5 =	
15.	30 − 5 =		36.	60 + 5 =	
16.	25 − 5 =		38.	65 + 5 =	
17.	20 − 5 =		39.	70 − 5 =	
18.	15 − 5 =		40.	65 − 5 =	
19.	10 − 5 =		41.	100 + 50 =	
20.	5 − 5 =		42.	150 + 50 =	
21.	5 + 0 =		43.	200 − 50 =	
22.	5 + 5 =		44.	150 − 50 =	

B

Respuestas correctas: _____

Mejora: _____

Suma o resta usando 5.

1.	5 + 0 =		23.	10 + 5 =	
2.	5 + 5 =		24.	15 + 5 =	
3.	5 + 10 =		25.	20 + 5 =	
4.	5 + 15 =		26.	25 + 5 =	
5.	5 + 20 =		27.	30 + 5 =	
6.	5 + 25 =		28.	35 + 5 =	
7.	5 + 30 =		29.	40 + 5 =	
8.	5 + 35 =		30.	45 + 5 =	
9.	5 + 40 =		31.	50 + 0 =	
10.	5 + 45 =		32.	50 + 50 =	
11.	50 − 5 =		33.	5 + 50 =	
12.	45 − 5 =		34.	5 + 55 =	
13.	40 − 5 =		35.	60 − 5 =	
14.	35 − 5 =		37.	55 − 5 =	
15.	30 − 5 =		36.	5 + 60 =	
16.	25 − 5 =		38.	5 + 65 =	
17.	20 − 5 =		39.	70 − 5 =	
18.	15 − 5 =		40.	65 − 5 =	
19.	10 − 5 =		41.	50 + 100 =	
20.	5 − 5 =		42.	50 + 150 =	
21.	0 + 5 =		43.	200 − 50 =	
22.	5 + 5 =		44.	150 − 50 =	

A

Respuestas correctas: _____

Cuenta de 5 en 5.

1.	0, 5, ___		23.	35, ___, 45	
2.	5, 10, ___		24.	15, ___, 25	
3.	10, 15, ___		25.	40, ___, 50	
4.	15, 20, ___		26.	25, ___, 15	
5.	20, 25, ___		27.	50, ___, 40	
6.	25, 30, ___		28.	20, ___, 10	
7.	30, 35, ___		29.	45, ___, 35	
8.	35, 40, ___		30.	15, ___, 5	
9.	40, 45, ___		31.	40, ___, 30	
10.	50, 45, ___		32.	10, ___, 0	
11.	45, 40, ___		33.	35, ___, 25	
12.	40, 35, ___		34.	___, 10, 5	
13.	35, 30, ___		35.	___, 35, 30	
14.	30, 25, ___		37.	___, 15, 10	
15.	25, 20, ___		36.	___, 40, 35	
16.	20, 15, ___		38.	___, 20, 15	
17.	15, 10, ___		39.	___, 45, 40	
18.	0, ___, 10		40.	50, 55, ___	
19.	25, ___, 35		41.	45, 50, ___	
20.	5, ___, 15		42.	65, ___, 55	
21.	30, ___, 40		43.	55, 60, ___	
22.	10, ___, 20		44.	60, 65, ___	

EUREKA MATH

Lección 20: Resolver problemas escritos de dos pasos que involucren multiplicación y división, y evaluar la lógica de las respuestas.

45

© 2019 Great Minds®. eureka-math.org

B

Respuestas correctas: _____

Mejora: _____

Cuenta de 5 en 5.

1.	5, 10, ___	
2.	10, 15, ___	
3.	15, 20, ___	
4.	20, 25, ___	
5.	25, 30, ___	
6.	30, 35, ___	
7.	35, 40, ___	
8.	40, 45, ___	
9.	50, 45, ___	
10.	45, 40, ___	
11.	40, 35, ___	
12.	35, 30, ___	
13.	30, 25, ___	
14.	25, 20, ___	
15.	20, 15, ___	
16.	15, 10, ___	
17.	0, ___, 10	
18.	25, ___, 35	
19.	5, ___, 15	
20.	30, ___, 40	
21.	10, ___, 20	
22.	35, ___, 45	

23.	15, ___, 25	
24.	35, ___, 45	
25.	20, ___, 30	
26.	25, ___, 15	
27.	50, ___, 60	
28.	20, ___, 10	
29.	45, ___, 35	
30.	15, ___, 5	
31.	35, ___, 25	
32.	10, ___, 0	
33.	35, ___, 25	
34.	___, 15, 10	
35.	___, 40, 35	
37.	___, 20, 15	
36.	___, 45, 40	
38.	___, 10, 5	
39.	___, 35, 30	
40.	45, 50, ___	
41.	50, 55, ___	
42.	55, 60, ___	
43.	65, ___, 55	
44.	___, 60, 55	

EUREKA MATH   Lección 20: Resolver problemas escritos de dos pasos que involucren multiplicación
y división, y evaluar la lógica de las respuestas.

© 2019 Great Minds®. eureka-math.org

47

Multiplica.

5 x 1 = _____   5 x 2 = _____   5 x 3 = _____   5 x 4 = _____

5 x 5 = _____   5 x 1 = _____   5 x 2 = _____   5 x 1 = _____

5 x 3 = _____   5 x 1 = _____   5 x 4 = _____   5 x 1 = _____

5 x 5 = _____   5 x 1 = _____   5 x 2 = _____   5 x 3 = _____

5 x 2 = _____   5 x 4 = _____   5 x 2 = _____   5 x 5 = _____

5 x 2 = _____   5 x 1 = _____   5 x 2 = _____   5 x 3 = _____

5 x 1 = _____   5 x 3 = _____   5 x 2 = _____   5 x 3 = _____

5 x 4 = _____   5 x 3 = _____   5 x 5 = _____   5 x 3 = _____

5 x 4 = _____   5 x 1 = _____   5 x 4 = _____   5 x 2 = _____

5 x 4 = _____   5 x 3 = _____   5 x 4 = _____   5 x 5 = _____

5 x 4 = _____   5 x 5 = _____   5 x 1 = _____   5 x 5 = _____

5 x 2 = _____   5 x 5 = _____   5 x 3 = _____   5 x 5 = _____

5 x 4 = _____   5 x 2 = _____   5 x 4 = _____   5 x 3 = _____

5 x 5 = _____   5 x 3 = _____   5 x 2 = _____   5 x 4 = _____

5 x 3 = _____   5 x 5 = _____   5 x 2 = _____   5 x 4 = _____

_____

multiplicar por 5 (1–5)

Lección 21:   Resolver problemas escritos de dos pasos que involucran las cuatro operaciones
y evaluar la lógica de las respuestas.   49

3.er grado
Módulo 2

A

Respuestas correctas: _____

Encuentra el punto medio

1.	0	_____	10
2.	10	_____	20
3.	20	_____	30
4.	70	_____	80
5.	80	_____	70
6.	40	_____	50
7.	50	_____	40
8.	30	_____	40
9.	40	_____	30
10.	70	_____	60
11.	60	_____	70
12.	80	_____	90
13.	90	_____	100
14.	100	_____	90
15.	90	_____	80
16.	50	_____	60
17.	150	_____	160
18.	250	_____	260
19.	750	_____	760
20.	760	_____	750
21.	80	_____	90
22.	180	_____	190

23.	280	_____	290
24.	580	_____	590
25.	590	_____	580
26.	30	_____	40
27.	930	_____	940
28.	70	_____	60
29.	470	_____	460
30.	90	_____	100
31.	890	_____	900
32.	990	_____	1,000
33.	1,000	_____	1,010
34.	70	_____	80
35.	1,070	_____	1,080
36.	1,570	_____	1,580
37.	480	_____	490
38.	1,480	_____	1,490
39.	1,080	_____	1,090
40.	360	_____	350
41.	1,790	_____	1,780
42.	400	_____	390
43.	1,840	_____	1,830
44.	1,110	_____	1,100

Lección 14:   Redondear a la centena más cercana sobre la recta numérica vertical.

© 2019 Great Minds®. eureka-math.org

B

Respuestas correctas: _____

Mejora: _____

Encuentra el punto medio

1.	10	_____	20
2.	20	_____	30
3.	30	_____	40
4.	60	_____	70
5.	70	_____	60
6.	50	_____	60
7.	60	_____	50
8.	40	_____	50
9.	50	_____	40
10.	80	_____	70
11.	70	_____	80
12.	80	_____	90
13.	90	_____	100
14.	100	_____	90
15.	90	_____	80
16.	60	_____	70
17.	160	_____	170
18.	260	_____	270
19.	560	_____	570
20.	570	_____	560
21.	70	_____	80
22.	170	_____	180

23.	270	_____	280
24.	670	_____	680
25.	680	_____	670
26.	20	_____	30
27.	920	_____	930
28.	60	_____	50
29.	460	_____	450
30.	90	_____	100
31.	890	_____	900
32.	990	_____	1,000
33.	1,000	_____	1,010
34.	20	_____	30
35.	1,020	_____	1,030
36.	1,520	_____	1,530
37.	380	_____	390
38.	1,380	_____	1,390
39.	1,080	_____	1,090
40.	760	_____	750
41.	1,690	_____	1,680
42.	300	_____	290
43.	1,850	_____	1,840
44.	1,220	_____	1,210

EUREKA MATH

Lección 14: Redondear a la centena más cercana sobre la recta numérica vertical.

© 2019 Great Minds®. eureka-math.org

55

A

Respuestas correctas: _____

Redondea a la decena más cercana.

1.	21 ≈	
2.	31 ≈	
3.	41 ≈	
4.	81 ≈	
5.	59 ≈	
6.	49 ≈	
7.	39 ≈	
8.	19 ≈	
9.	36 ≈	
10.	34 ≈	
11.	56 ≈	
12.	54 ≈	
13.	77 ≈	
14.	73 ≈	
15.	68 ≈	
16.	62 ≈	
17.	25 ≈	
18.	35 ≈	
19.	45 ≈	
20.	75 ≈	
21.	85 ≈	
22.	15 ≈	

23.	79 ≈	
24.	89 ≈	
25.	99 ≈	
26.	109 ≈	
27.	119 ≈	
28.	149 ≈	
29.	311 ≈	
30.	411 ≈	
31.	519 ≈	
32.	619 ≈	
33.	629 ≈	
34.	639 ≈	
35.	669 ≈	
36.	969 ≈	
37.	979 ≈	
38.	989 ≈	
39.	999 ≈	
40.	1,109 ≈	
41.	1,119 ≈	
42.	3,227 ≈	
43.	5,487 ≈	
44.	7,885 ≈	

Lección 17: Estimar las sumas por redondeo y aplicarlas para resolver problemas escritos con medidas.

B

Respuestas correctas: _____

Mejora: _____

Redondea a la decena más cercana.

1.	11 ≈	
2.	21 ≈	
3.	31 ≈	
4.	71 ≈	
5.	69 ≈	
6.	59 ≈	
7.	49 ≈	
8.	19 ≈	
9.	26 ≈	
10.	24 ≈	
11.	46 ≈	
12.	44 ≈	
13.	87 ≈	
14.	83 ≈	
15.	78 ≈	
16.	72 ≈	
17.	15 ≈	
18.	25 ≈	
19.	35 ≈	
20.	75 ≈	
21.	85 ≈	
22.	45 ≈	

23.	79 ≈	
24.	89 ≈	
25.	99 ≈	
26.	109 ≈	
27.	119 ≈	
28.	159 ≈	
29.	211 ≈	
30.	311 ≈	
31.	418 ≈	
32.	518 ≈	
33.	528 ≈	
34.	538 ≈	
35.	568 ≈	
36.	968 ≈	
37.	978 ≈	
38.	988 ≈	
39.	998 ≈	
40.	1,108 ≈	
41.	1,118 ≈	
42.	2,337 ≈	
43.	4,578 ≈	
44.	8,785 ≈	

Lección 17:   Estimar las sumas por redondeo y aplicarlas para resolver problemas escritos con medidas.

© 2019 Great Minds®. eureka-math.org

59

A

Respuestas correctas: _____

Redondea a la centena más cercana

1.	201 ≈		23.	350 ≈	
2.	301 ≈		24.	1,350 ≈	
3.	401 ≈		25.	450 ≈	
4.	801 ≈		26.	5,450 ≈	
5.	1,801 ≈		27.	850 ≈	
6.	2,801 ≈		28.	6,850 ≈	
7.	3,801 ≈		29.	649 ≈	
8.	7,801 ≈		30.	651 ≈	
9.	290 ≈		31.	691 ≈	
10.	390 ≈		32.	791 ≈	
11.	490 ≈		33.	891 ≈	
12.	890 ≈		34.	991 ≈	
13.	1,890 ≈		35.	995 ≈	
14.	2,890 ≈		36.	998 ≈	
15.	3,890 ≈		37.	9,998 ≈	
16.	7,890 ≈		38.	7,049 ≈	
17.	512 ≈		39.	4,051 ≈	
18.	2,512 ≈		40.	8,350 ≈	
19.	423 ≈		41.	3,572 ≈	
20.	3,423 ≈		42.	9,754 ≈	
21.	677 ≈		43.	2,915 ≈	
22.	4,677 ≈		44.	9,996 ≈	

Lección 20: Estimar las diferencias por redondeo y aplicarlas para resolver problemas escritos con medidas.

61

B

Respuestas correctas: _____

Mejora: _____

Redondea a la centena más cercana

1.	101 ≈		23.	250 ≈	
2.	201 ≈		24.	1,250 ≈	
3.	301 ≈		25.	350 ≈	
4.	701 ≈		26.	5,350 ≈	
5.	1,701 ≈		27.	750 ≈	
6.	2,701 ≈		28.	6,750 ≈	
7.	3,701 ≈		29.	649 ≈	
8.	8,701 ≈		30.	652 ≈	
9.	190 ≈		31.	692 ≈	
10.	290 ≈		32.	792 ≈	
11.	390 ≈		33.	892 ≈	
12.	790 ≈		34.	992 ≈	
13.	1,790 ≈		35.	996 ≈	
14.	2,790 ≈		36.	999 ≈	
15.	3,790 ≈		37.	9,999 ≈	
16.	8,790 ≈		38.	4,049 ≈	
17.	412 ≈		39.	2,051 ≈	
18.	2,412 ≈		40.	7,350 ≈	
19.	523 ≈		41.	4,572 ≈	
20.	3,523 ≈		42.	8,754 ≈	
21.	877 ≈		43.	3,915 ≈	
22.	4,877 ≈		44.	9,997 ≈	

Lección 20:   Estimar las diferencias por redondeo y aplicarlas para resolver problemas escritos con medidas.

© 2019 Great Minds®. eureka-math.org

63

3.er grado
Módulo 3

A

Respuestas correctas: _____

Multiplicación mixta

1.	2 × 1 =	
2.	2 × 2 =	
3.	2 × 3 =	
4.	4 × 1 =	
5.	4 × 2 =	
6.	4 × 3 =	
7.	1 × 6 =	
8.	2 × 6 =	
9.	1 × 8 =	
10.	2 × 8 =	
11.	3 × 1 =	
12.	3 × 2 =	
13.	3 × 3 =	
14.	5 × 1 =	
15.	5 × 2 =	
16.	5 × 3 =	
17.	1 × 7 =	
18.	2 × 7 =	
19.	1 × 9 =	
20.	2 × 9 =	
21.	2 × 5 =	
22.	2 × 6 =	

23.	2 × 7 =	
24.	5 × 5 =	
25.	5 × 6 =	
26.	5 × 7 =	
27.	4 × 5 =	
28.	4 × 6 =	
29.	4 × 7 =	
30.	3 × 5 =	
31.	3 × 6 =	
32.	3 × 7 =	
33.	2 × 7 =	
34.	2 × 8 =	
35.	2 × 9 =	
36.	5 × 7 =	
37.	5 × 8 =	
38.	5 × 9 =	
39.	4 × 7 =	
40.	4 × 8 =	
41.	4 × 9 =	
42.	3 × 7 =	
43.	3 × 8 =	
44.	3 × 9 =	

Lección 1: Estudiar la propiedad conmutativa para encontrar operaciones
conocidas de 6, 7, 8 y 9.

67

B

Respuestas correctas: _____

Mejora: _____

Multiplicación mixta

1.	5 × 1 =		23.	5 × 7 =	
2.	5 × 2 =		24.	2 × 5 =	
3.	5 × 3 =		25.	2 × 6 =	
4.	3 × 1 =		26.	2 × 7 =	
5.	3 × 2 =		27.	3 × 5 =	
6.	3 × 3 =		28.	3 × 6 =	
7.	1 × 7 =		29.	3 × 7 =	
8.	2 × 7 =		30.	4 × 5 =	
9.	1 × 9 =		31.	4 × 6 =	
10.	2 × 9 =		32.	4 × 7 =	
11.	2 × 1 =		33.	5 × 7 =	
12.	2 × 2 =		34.	5 × 8 =	
13.	2 × 3 =		35.	5 × 9 =	
14.	4 × 1 =		36.	2 × 7 =	
15.	4 × 2 =		37.	2 × 8 =	
16.	4 × 3 =		38.	2 × 9 =	
17.	1 × 6 =		39.	3 × 7 =	
18.	2 × 6 =		40.	3 × 8 =	
19.	1 × 8 =		41.	3 × 9 =	
20.	2 × 8 =		42.	4 × 7 =	
21.	5 × 5 =		43.	4 × 8 =	
22.	5 × 6 =		44.	4 × 9 =	

EUREKA MATH®

Lección 1:   Estudiar la propiedad conmutativa para encontrar operaciones conocidas de 6, 7, 8 y 9.

© 2019 Great Minds®. eureka-math.org

69

A

Respuestas correctas: _____

Usa la propiedad conmutativa para multiplicar

1.	$2 \times 2 =$		23.	$5 \times 6 =$	
2.	$2 \times 3 =$		24.	$6 \times 5 =$	
3.	$3 \times 2 =$		25.	$5 \times 7 =$	
4.	$2 \times 4 =$		26.	$7 \times 5 =$	
5.	$4 \times 2 =$		27.	$5 \times 8 =$	
6.	$2 \times 5 =$		28.	$8 \times 5 =$	
7.	$5 \times 2 =$		29.	$5 \times 9 =$	
8.	$2 \times 6 =$		30.	$9 \times 5 =$	
9.	$6 \times 2 =$		31.	$5 \times 10 =$	
10.	$2 \times 7 =$		32.	$10 \times 5 =$	
11.	$7 \times 2 =$		33.	$3 \times 3 =$	
12.	$2 \times 8 =$		34.	$3 \times 4 =$	
13.	$8 \times 2 =$		35.	$4 \times 3 =$	
14.	$2 \times 9 =$		36.	$3 \times 6 =$	
15.	$9 \times 2 =$		37.	$6 \times 3 =$	
16.	$2 \times 10 =$		38.	$3 \times 7 =$	
17.	$10 \times 2 =$		39.	$7 \times 3 =$	
18.	$5 \times 3 =$		40.	$3 \times 8 =$	
19.	$3 \times 5 =$		41.	$8 \times 3 =$	
20.	$5 \times 4 =$		42.	$3 \times 9 =$	
21.	$4 \times 5 =$		43.	$9 \times 3 =$	
22.	$5 \times 5 =$		44.	$4 \times 4 =$	

Lección 2:   Aplicar las propiedades distributiva y conmutativa para relacionar operaciones
de multiplicación $5 \times n + n$ con $6 \times n$ y $n \times 6$, donde n es el tamaño de la unidad.

71

B

Respuestas correctas: _____

Mejora: _____

Usa la propiedad conmutativa para multiplicar

1.	$5 \times 2 =$		23.	$6 \times 2 =$	
2.	$2 \times 5 =$		24.	$2 \times 6 =$	
3.	$5 \times 3 =$		25.	$2 \times 7 =$	
4.	$3 \times 5 =$		26.	$7 \times 2 =$	
5.	$5 \times 4 =$		27.	$2 \times 8 =$	
6.	$4 \times 5 =$		28.	$8 \times 2 =$	
7.	$5 \times 5 =$		29.	$2 \times 9 =$	
8.	$5 \times 6 =$		30.	$9 \times 2 =$	
9.	$6 \times 5 =$		31.	$2 \times 10 =$	
10.	$5 \times 7 =$		32.	$10 \times 2 =$	
11.	$7 \times 5 =$		33.	$3 \times 3 =$	
12.	$5 \times 8 =$		34.	$3 \times 4 =$	
13.	$8 \times 5 =$		35.	$4 \times 3 =$	
14.	$5 \times 9 =$		36.	$3 \times 6 =$	
15.	$9 \times 5 =$		37.	$6 \times 3 =$	
16.	$5 \times 10 =$		38.	$3 \times 7 =$	
17.	$10 \times 5 =$		39.	$7 \times 3 =$	
18.	$2 \times 2 =$		40.	$3 \times 8 =$	
19.	$2 \times 3 =$		41.	$8 \times 3 =$	
20.	$3 \times 2 =$		42.	$3 \times 9 =$	
21.	$2 \times 4 =$		43.	$9 \times 3 =$	
22.	$4 \times 2 =$		44.	$4 \times 4 =$	

Lección 2: Aplicar las propiedades distributiva y conmutativa para relacionar operaciones de multiplicación $5 \times n + n$ con $6 \times n$ y $n \times 6$, donde n es el tamaño de la unidad.

EUREKA MATH®

Multiplica

6 x 1 = _____   6 x 2 = _____   6 x 3 = _____   6 x 4 = _____

6 x 5 = _____   6 x 1 = _____   6 x 2 = _____   6 x 1 = _____

6 x 3 = _____   6 x 1 = _____   6 x 4 = _____   6 x 1 = _____

6 x 5 = _____   6 x 1 = _____   6 x 2 = _____   6 x 3 = _____

6 x 2 = _____   6 x 4 = _____   6 x 2 = _____   6 x 5 = _____

6 x 2 = _____   6 x 1 = _____   6 x 2 = _____   6 x 3 = _____

6 x 1 = _____   6 x 3 = _____   6 x 2 = _____   6 x 3 = _____

6 x 4 = _____   6 x 3 = _____   6 x 5 = _____   6 x 3 = _____

6 x 4 = _____   6 x 1 = _____   6 x 4 = _____   6 x 2 = _____

6 x 4 = _____   6 x 3 = _____   6 x 4 = _____   6 x 5 = _____

6 x 4 = _____   6 x 5 = _____   6 x 1 = _____   6 x 5 = _____

6 x 2 = _____   6 x 5 = _____   6 x 3 = _____   6 x 5 = _____

6 x 4 = _____   6 x 2 = _____   6 x 4 = _____   6 x 3 = _____

6 x 5 = _____   6 x 3 = _____   6 x 2 = _____   6 x 4 = _____

6 x 3 = _____   6 x 5 = _____   6 x 2 = _____   6 x 4 = _____

multiplicar por 6 (1–5)

Lección 5:   Contar en múltiplos de 7 para multiplicar y dividir usando vínculos numéricos para descomponer.

© 2019 Great Minds®. eureka-math.org

75

Multiplica.

6 x 1 = _____   6 x 2 = _____   6 x 3 = _____   6 x 4 = _____

6 x 5 = _____   6 x 6 = _____   6 x 7 = _____   6 x 8 = _____

6 x 9 = _____   6 x 10 = _____   6 x 5 = _____   6 x 6 = _____

6 x 5 = _____   6 x 7 = _____   6 x 5 = _____   6 x 8 = _____

6 x 5 = _____   6 x 9 = _____   6 x 5 = _____   6 x 10 = _____

6 x 6 = _____   6 x 5 = _____   6 x 6 = _____   6 x 7 = _____

6 x 6 = _____   6 x 8 = _____   6 x 6 = _____   6 x 9 = _____

6 x 6 = _____   6 x 7 = _____   6 x 6 = _____   6 x 7 = _____

6 x 8 = _____   6 x 7 = _____   6 x 9 = _____   6 x 7 = _____

6 x 8 = _____   6 x 6 = _____   6 x 8 = _____   6 x 7 = _____

6 x 8 = _____   6 x 9 = _____   6 x 9 = _____   6 x 6 = _____

6 x 9 = _____   6 x 7 = _____   6 x 9 = _____   6 x 8 = _____

6 x 9 = _____   6 x 8 = _____   6 x 6 = _____   6 x 9 = _____

6 x 7 = _____   6 x 9 = _____   6 x 6 = _____   6 x 8 = _____

6 x 9 = _____   6 x 7 = _____   6 x 6 = _____   6 x 8 = _____

_____

multiplicar por 6 (6–10)

Lección 6:   Usar la propiedad distributiva como estrategia para multiplicar y dividir
                   usando unidades de 6 y 7.

© 2019 Great Minds®. eureka-math.org

Multiplica

7 x 1 = _____   7 x 2 = _____   7 x 3 = _____   7 x 4 = _____

7 x 5 = _____   7 x 1 = _____   7 x 2 = _____   7 x 1 = _____

7 x 3 = _____   7 x 1 = _____   7 x 4 = _____   7 x 1 = _____

7 x 5 = _____   7 x 1 = _____   7 x 2 = _____   7 x 3 = _____

7 x 2 = _____   7 x 4 = _____   7 x 2 = _____   7 x 5 = _____

7 x 2 = _____   7 x 1 = _____   7 x 2 = _____   7 x 3 = _____

7 x 1 = _____   7 x 3 = _____   7 x 2 = _____   7 x 3 = _____

7 x 4 = _____   7 x 3 = _____   7 x 5 = _____   7 x 3 = _____

7 x 4 = _____   7 x 1 = _____   7 x 4 = _____   7 x 2 = _____

7 x 4 = _____   7 x 3 = _____   7 x 4 = _____   7 x 5 = _____

7 x 4 = _____   7 x 5 = _____   7 x 1 = _____   7 x 5 = _____

7 x 2 = _____   7 x 5 = _____   7 x 3 = _____   7 x 5 = _____

7 x 4 = _____   7 x 2 = _____   7 x 4 = _____   7 x 3 = _____

7 x 5 = _____   7 x 3 = _____   7 x 2 = _____   7 x 4 = _____

7 x 3 = _____   7 x 5 = _____   7 x 2 = _____   7 x 4 = _____

multiplicar por 7 (1–5)

Lección 7:   Interpretar la incógnita en la multiplicación y la división para modelar y resolver problemas usando unidades de 6 y el 7.

© 2019 Great Minds®. eureka-math.org

Multiplica.

7 x 1 = _____   7 x 2 = _____   7 x 3 = _____   7 x 4 = _____

7 x 5 = _____   7 x 6 = _____   7 x 7 = _____   7 x 8 = _____

7 x 9 = _____   7 x 10 = _____   7 x 5 = _____   7 x 6 = _____

7 x 5 = _____   7 x 7 = _____   7 x 5 = _____   7 x 8 = _____

7 x 5 = _____   7 x 9 = _____   7 x 5 = _____   7 x 10 = _____

7 x 6 = _____   7 x 5 = _____   7 x 6 = _____   7 x 7 = _____

7 x 6 = _____   7 x 8 = _____   7 x 6 = _____   7 x 9 = _____

7 x 6 = _____   7 x 7 = _____   7 x 6 = _____   7 x 7 = _____

7 x 8 = _____   7 x 7 = _____   7 x 9 = _____   7 x 7 = _____

7 x 8 = _____   7 x 6 = _____   7 x 8 = _____   7 x 7 = _____

7 x 8 = _____   7 x 9 = _____   7 x 9 = _____   7 x 6 = _____

7 x 9 = _____   7 x 7 = _____   7 x 9 = _____   7 x 8 = _____

7 x 9 = _____   7 x 8 = _____   7 x 6 = _____   7 x 9 = _____

7 x 7 = _____   7 x 9 = _____   7 x 6 = _____   7 x 8 = _____

7 x 9 = _____   7 x 7 = _____   7 x 6 = _____   7 x 8 = _____

multiplicar por 7 (6–10)

Multiplica.

8 x 1 = _____   8 x 2 = _____   8 x 3 = _____   8 x 4 = _____

8 x 5 = _____   8 x 1 = _____   8 x 2 = _____   8 x 1 = _____

8 x 3 = _____   8 x 1 = _____   8 x 4 = _____   8 x 1 = _____

8 x 5 = _____   8 x 1 = _____   8 x 2 = _____   8 x 3 = _____

8 x 2 = _____   8 x 4 = _____   8 x 2 = _____   8 x 5 = _____

8 x 2 = _____   8 x 1 = _____   8 x 2 = _____   8 x 3 = _____

8 x 1 = _____   8 x 3 = _____   8 x 2 = _____   8 x 3 = _____

8 x 4 = _____   8 x 3 = _____   8 x 5 = _____   8 x 3 = _____

8 x 4 = _____   8 x 1 = _____   8 x 4 = _____   8 x 2 = _____

8 x 4 = _____   8 x 3 = _____   8 x 4 = _____   8 x 5 = _____

8 x 4 = _____   8 x 5 = _____   8 x 1 = _____   8 x 5 = _____

8 x 2 = _____   8 x 5 = _____   8 x 3 = _____   8 x 5 = _____

8 x 4 = _____   8 x 2 = _____   8 x 4 = _____   8 x 3 = _____

8 x 5 = _____   8 x 3 = _____   8 x 2 = _____   8 x 4 = _____

8 x 3 = _____   8 x 5 = _____   8 x 2 = _____   8 x 4 = _____

multiplicar por 8 (1–5)

Lección 11:   Interpretar la incógnita en la multiplicación y la división para modelar y resolver problemas.

© 2019 Great Minds®. eureka-math.org

83

Multiplica.

8 x 1 = _____   8 x 2 = _____   8 x 3 = _____   8 x 4 = _____

8 x 5 = _____   8 x 6 = _____   8 x 7 = _____   8 x 8 = _____

8 x 9 = _____   8 x 10 = _____   8 x 5 = _____   8 x 6 = _____

8 x 5 = _____   8 x 7 = _____   8 x 5 = _____   8 x 8 = _____

8 x 5 = _____   8 x 9 = _____   8 x 5 = _____   8 x 10 = _____

8 x 6 = _____   8 x 5 = _____   8 x 6 = _____   8 x 7 = _____

8 x 6 = _____   8 x 8 = _____   8 x 6 = _____   8 x 9 = _____

8 x 6 = _____   8 x 7 = _____   8 x 6 = _____   8 x 7 = _____

8 x 8 = _____   8 x 7 = _____   8 x 9 = _____   8 x 7 = _____

8 x 8 = _____   8 x 6 = _____   8 x 8 = _____   8 x 7 = _____

8 x 8 = _____   8 x 9 = _____   8 x 9 = _____   8 x 6 = _____

8 x 9 = _____   8 x 7 = _____   8 x 9 = _____   8 x 8 = _____

8 x 9 = _____   8 x 8 = _____   8 x 6 = _____   8 x 9 = _____

8 x 7 = _____   8 x 9 = _____   8 x 6 = _____   8 x 8 = _____

8 x 9 = _____   8 x 7 = _____   8 x 6 = _____   8 x 8 = _____

_____

multiplicar por 8 (6–10)

A

Respuestas correctas: _____

Multiplica o divide entre 8

1.	2 × 8 =		23.	_____ × 8 = 80	
2.	3 × 8 =		24.	_____ × 8 = 32	
3.	4 × 8 =		25.	_____ × 8 = 24	
4.	5 × 8 =		26.	80 ÷ 8 =	
5.	1 × 8 =		27.	40 ÷ 8 =	
6.	16 ÷ 8 =		28.	8 ÷ 1 =	
7.	24 ÷ 8 =		29.	16 ÷ 8 =	
8.	40 ÷ 8 =		30.	24 ÷ 8 =	
9.	8 ÷ 1 =		31.	_____ × 8 = 48	
10.	32 ÷ 8 =		32.	_____ × 8 = 56	
11.	6 × 8 =		33.	_____ × 8 = 72	
12.	7 × 8 =		34.	_____ × 8 = 64	
13.	8 × 8 =		35.	56 ÷ 8 =	
14.	9 × 8 =		36.	72 ÷ 8 =	
15.	10 × 8 =		37.	48 ÷ 8 =	
16.	64 ÷ 8 =		38.	64 ÷ 8 =	
17.	56 ÷ 8 =		39.	11 × 8 =	
18.	72 ÷ 8 =		40.	88 ÷ 8 =	
19.	48 ÷ 8 =		41.	12 × 8 =	
20.	80 ÷ 8 =		42.	96 ÷ 8 =	
21.	_____ × 8 = 40		43.	14 × 8 =	
22.	_____ × 8 = 16		44.	112 ÷ 8 =	

B

Respuestas correctas: _____

Mejora: _____

Multiplica o divide entre 8

1.	$1 \times 8 =$	
2.	$2 \times 8 =$	
3.	$3 \times 8 =$	
4.	$4 \times 8 =$	
5.	$5 \times 8 =$	
6.	$24 \div 8 =$	
7.	$16 \div 8 =$	
8.	$32 \div 8 =$	
9.	$8 \div 1 =$	
10.	$40 \div 8 =$	
11.	$10 \times 8 =$	
12.	$6 \times 8 =$	
13.	$7 \times 8 =$	
14.	$8 \times 8 =$	
15.	$9 \times 8 =$	
16.	$56 \div 8 =$	
17.	$48 \div 8 =$	
18.	$64 \div 8 =$	
19.	$80 \div 8 =$	
20.	$72 \div 8 =$	
21.	_____ $\times 8 = 16$	
22.	_____ $\times 8 = 40$	

23.	_____ $\times 8 = 48$	
24.	_____ $\times 8 = 80$	
25.	_____ $\times 8 = 24$	
26.	$16 \div 8 =$	
27.	$8 \div 1 =$	
28.	$80 \div 8 =$	
29.	$40 \div 8 =$	
30.	$24 \div 8 =$	
31.	_____ $\times 8 = 64$	
32.	_____ $\times 8 = 32$	
33.	_____ $\times 8 = 72$	
34.	_____ $\times 8 = 56$	
35.	$64 \div 8 =$	
36.	$72 \div 8 =$	
37.	$48 \div 8 =$	
38.	$56 \div 8 =$	
39.	$11 \times 8 =$	
40.	$88 \div 8 =$	
41.	$12 \times 8 =$	
42.	$96 \div 8 =$	
43.	$13 \times 8 =$	
44.	$104 \div 8 =$	

Multiplica.

9 x 1 = _____   9 x 2 = _____   9 x 3 = _____   9 x 4 = _____

9 x 5 = _____   9 x 1 = _____   9 x 2 = _____   9 x 1 = _____

9 x 3 = _____   9 x 1 = _____   9 x 4 = _____   9 x 1 = _____

9 x 5 = _____   9 x 1 = _____   9 x 2 = _____   9 x 3 = _____

9 x 2 = _____   9 x 4 = _____   9 x 2 = _____   9 x 5 = _____

9 x 2 = _____   9 x 1 = _____   9 x 2 = _____   9 x 3 = _____

9 x 1 = _____   9 x 3 = _____   9 x 2 = _____   9 x 3 = _____

9 x 4 = _____   9 x 3 = _____   9 x 5 = _____   9 x 3 = _____

9 x 4 = _____   9 x 1 = _____   9 x 4 = _____   9 x 2 = _____

9 x 4 = _____   9 x 3 = _____   9 x 4 = _____   9 x 5 = _____

9 x 4 = _____   9 x 5 = _____   9 x 1 = _____   9 x 5 = _____

9 x 2 = _____   9 x 5 = _____   9 x 3 = _____   9 x 5 = _____

9 x 4 = _____   9 x 2 = _____   9 x 4 = _____   9 x 3 = _____

9 x 5 = _____   9 x 3 = _____   9 x 2 = _____   9 x 4 = _____

9 x 3 = _____   9 x 5 = _____   9 x 2 = _____   9 x 4 = _____

_____

multiplicar por 9 (1–5)

Multiplica.

9 x 1 = _____   9 x 2 = _____   9 x 3 = _____   9 x 4 = _____

9 x 5 = _____   9 x 6 = _____   9 x 7 = _____   9 x 8 = _____

9 x 9 = _____   9 x 10 = _____   9 x 5 = _____   9 x 6 = _____

9 x 5 = _____   9 x 7 = _____   9 x 5 = _____   9 x 8 = _____

9 x 5 = _____   9 x 9 = _____   9 x 5 = _____   9 x 10 = _____

9 x 6 = _____   9 x 5 = _____   9 x 6 = _____   9 x 7 = _____

9 x 6 = _____   9 x 8 = _____   9 x 6 = _____   9 x 9 = _____

9 x 6 = _____   9 x 7 = _____   9 x 6 = _____   9 x 7 = _____

9 x 8 = _____   9 x 7 = _____   9 x 9 = _____   9 x 7 = _____

9 x 8 = _____   9 x 6 = _____   9 x 8 = _____   9 x 7 = _____

9 x 8 = _____   9 x 9 = _____   9 x 9 = _____   9 x 6 = _____

9 x 9 = _____   9 x 7 = _____   9 x 9 = _____   9 x 8 = _____

9 x 9 = _____   9 x 8 = _____   9 x 6 = _____   9 x 9 = _____

9 x 7 = _____   9 x 9 = _____   9 x 6 = _____   9 x 8 = _____

9 x 9 = _____   9 x 7 = _____   9 x 6 = _____   9 x 8 = _____

multiplicar por 9 (6–10)

Lección 15: Interpretar la incógnita en la multiplicación y la división para modelar y resolver problemas.

© 2019 Great Minds®. eureka-math.org

93

A

Respuestas correctas: _____

Multiplica o divide entre 9.

1.	$2 \times 9 =$	
2.	$3 \times 9 =$	
3.	$4 \times 9 =$	
4.	$5 \times 9 =$	
5.	$1 \times 9 =$	
6.	$18 \div 9 =$	
7.	$27 \div 9 =$	
8.	$45 \div 9 =$	
9.	$9 \div 9 =$	
10.	$36 \div 9 =$	
11.	$6 \times 9 =$	
12.	$7 \times 9 =$	
13.	$8 \times 9 =$	
14.	$9 \times 9 =$	
15.	$10 \times 9 =$	
16.	$72 \div 9 =$	
17.	$63 \div 9 =$	
18.	$81 \div 9 =$	
19.	$54 \div 9 =$	
20.	$90 \div 9 =$	
21.	_____ $\times 9 = 45$	
22.	_____ $\times 9 = 9$	

23.	_____ $\times 9 = 90$	
24.	_____ $\times 9 = 18$	
25.	_____ $\times 9 = 27$	
26.	$90 \div 9 =$	
27.	$45 \div 9 =$	
28.	$9 \div 9 =$	
29.	$18 \div 9 =$	
30.	$27 \div 9 =$	
31.	_____ $\times 9 = 54$	
32.	_____ $\times 9 = 63$	
33.	_____ $\times 9 = 81$	
34.	_____ $\times 9 = 72$	
35.	$63 \div 9 =$	
36.	$81 \div 9 =$	
37.	$54 \div 9 =$	
38.	$72 \div 9 =$	
39.	$11 \times 9 =$	
40.	$99 \div 9 =$	
41.	$12 \times 9 =$	
42.	$108 \div 9 =$	
43.	$14 \times 9 =$	
44.	$126 \div 9 =$	

EUREKA MATH   Lección 16:   Razonar y explicar acerca de los patrones aritméticos utilizando unidades de 0 y 1 según se relacionan con la multiplicación y la división.   95

© 2019 Great Minds®. eureka-math.org

B

Respuestas correctas: _____

Mejora: _____

Multiplica o divide entre 9.

1.	$1 \times 9 =$	
2.	$2 \times 9 =$	
3.	$3 \times 9 =$	
4.	$4 \times 9 =$	
5.	$5 \times 9 =$	
6.	$27 \div 9 =$	
7.	$18 \div 9 =$	
8.	$36 \div 9 =$	
9.	$9 \div 9 =$	
10.	$45 \div 9 =$	
11.	$10 \times 9 =$	
12.	$6 \times 9 =$	
13.	$7 \times 9 =$	
14.	$8 \times 9 =$	
15.	$9 \times 9 =$	
16.	$63 \div 9 =$	
17.	$54 \div 9 =$	
18.	$72 \div 9 =$	
19.	$90 \div 9 =$	
20.	$81 \div 9 =$	
21.	_____ $\times 9 = 9$	
22.	_____ $\times 9 = 45$	

23.	_____ $\times 9 = 18$	
24.	_____ $\times 9 = 90$	
25.	_____ $\times 9 = 27$	
26.	$18 \div 9 =$	
27.	$9 \div 9 =$	
28.	$90 \div 9 =$	
29.	$45 \div 9 =$	
30.	$27 \div 9 =$	
31.	_____ $\times 9 = 27$	
32.	_____ $\times 9 = 36$	
33.	_____ $\times 9 = 81$	
34.	_____ $\times 9 = 63$	
35.	$72 \div 9 =$	
36.	$81 \div 9 =$	
37.	$54 \div 9 =$	
38.	$63 \div 9 =$	
39.	$11 \times 9 =$	
40.	$99 \div 9 =$	
41.	$12 \times 9 =$	
42.	$108 \div 9 =$	
43.	$13 \times 9 =$	
44.	$117 \div 9 =$	

EUREKA MATH

Lección 16:   Razonar y explicar acerca de los patrones aritméticos utilizando unidades de 0 y 1 según se relacionan con la multiplicación y la división.

97

© 2019 Great Minds®. eureka-math.org

A

Respuestas correctas: _____

Multiplica y divide con 1 y 0

1.	_____ × 1 = 2	
2.	_____ × 1 = 3	
3.	_____ × 1 = 4	
4.	_____ × 1 = 9	
5.	8 × _____ = 0	
6.	9 × _____ = 0	
7.	4 × _____ = 0	
8.	5 × _____ = 5	
9.	6 × _____ = 6	
10.	7 × _____ = 7	
11.	3 × _____ = 3	
12.	0 ÷ 1 = _____	
13.	0 ÷ 2 = _____	
14.	0 ÷ 3 = _____	
15.	0 ÷ 6 = _____	
16.	1 × _____ = 1	
17.	4 ÷ _____ = 4	
18.	5 ÷ _____ = 5	
19.	6 ÷ _____ = 6	
20.	8 ÷ _____ = 8	
21.	_____ × 1 = 5	
22.	3 × _____ = 0	

23.	9 ÷ _____ = 9	
24.	8 × _____ = 8	
25.	_____ × 1 = 1	
26.	0 ÷ 3 = _____	
27.	_____ × 1 = 7	
28.	6 × _____ = 0	
29.	4 × _____ = 4	
30.	0 ÷ 8 = _____	
31.	0 × _____ = 0	
32.	1 ÷ 1 = _____	
33.	_____ × 1 = 24	
34.	17 × _____ = 0	
35.	32 × _____ = 32	
36.	0 ÷ 19 = _____	
37.	46 × _____ = 0	
38.	0 ÷ 51 = _____	
39.	64 × _____ = 64	
40.	_____ × 1 = 79	
41.	0 ÷ 82 = _____	
42.	_____ × 1 = 96	
43.	27 × _____ = 27	
44.	43 × _____ = 0	

EUREKA MATH   **Lección 18:**   Resolver problemas escritos de dos pasos que involucran las cuatro operaciones y evaluar la lógica de las soluciones.   99

© 2019 Great Minds®. eureka-math.org

B

Respuestas correctas: _____

Mejora: _____

Multiplica y divide con 1 y 0

1.	_____ × 1 = 3	
2.	_____ × 1 = 4	
3.	_____ × 1 = 5	
4.	_____ × 1 = 8	
5.	7 × _____ = 0	
6.	8 × _____ = 0	
7.	3 × _____ = 0	
8.	4 × _____ = 4	
9.	5 × _____ = 5	
10.	6 × _____ = 6	
11.	2 × _____ = 2	
12.	0 ÷ 2 = _____	
13.	0 ÷ 3 = _____	
14.	0 ÷ 4 = _____	
15.	0 ÷ 7 = _____	
16.	1 × _____ = 1	
17.	3 ÷ _____ = 3	
18.	4 ÷ _____ = 4	
19.	5 ÷ _____ = 5	
20.	7 ÷ _____ = 7	
21.	_____ × 1 = 6	
22.	4 × _____ = 0	

23.	8 ÷ _____ = 8	
24.	7 × _____ = 7	
25.	_____ × 1 = 1	
26.	0 ÷ 5 = _____	
27.	_____ × 1 = 9	
28.	5 × _____ = 0	
29.	9 × _____ = 9	
30.	0 ÷ 6 = _____	
31.	1 ÷ 1 = _____	
32.	0 × _____ = 0	
33.	_____ × 1 = 34	
34.	16 × _____ = 0	
35.	31 × _____ = 31	
36.	0 ÷ 18 = _____	
37.	45 × _____ = 0	
38.	0 ÷ 52 = _____	
39.	63 × _____ = 63	
40.	_____ × 1 = 78	
41.	0 ÷ 81 = _____	
42.	_____ × 1 = 97	
43.	26 × _____ = 26	
44.	42 × _____ = 0	

EUREKA MATH   **Lección 18:**   Resolver problemas escritos de dos pasos que involucran las cuatro operaciones y evaluar la lógica de las soluciones.   **101**

© 2019 Great Minds®. eureka-math.org

A

Multiplica por múltiplos de 10.

1.	$2 \times 3 =$		23.	$8 \times 40 =$	
2.	$2 \times 30 =$		24.	$80 \times 4 =$	
3.	$20 \times 3 =$		25.	$9 \times 6 =$	
4.	$2 \times 2 =$		26.	$90 \times 6 =$	
5.	$2 \times 20 =$		27.	$2 \times 5 =$	
6.	$20 \times 2 =$		28.	$2 \times 50 =$	
7.	$4 \times 2 =$		29.	$3 \times 90 =$	
8.	$4 \times 20 =$		30.	$40 \times 7 =$	
9.	$40 \times 2 =$		31.	$5 \times 40 =$	
10.	$5 \times 3 =$		32.	$6 \times 60 =$	
11.	$50 \times 3 =$		33.	$70 \times 6 =$	
12.	$3 \times 50 =$		34.	$8 \times 70 =$	
13.	$4 \times 4 =$		35.	$80 \times 6 =$	
14.	$40 \times 4 =$		36.	$9 \times 70 =$	
15.	$4 \times 40 =$		37.	$50 \times 6 =$	
16.	$6 \times 3 =$		38.	$8 \times 80 =$	
17.	$6 \times 30 =$		39.	$9 \times 80 =$	
18.	$60 \times 3 =$		40.	$60 \times 8 =$	
19.	$7 \times 5 =$		41.	$70 \times 7 =$	
20.	$70 \times 5 =$		42.	$5 \times 80 =$	
21.	$7 \times 50 =$		43.	$60 \times 9 =$	
22.	$8 \times 4 =$		44.	$9 \times 90 =$	

EUREKA MATH | Lección 21: Resolver problemas escritos de dos pasos que involucran la multiplicación de factores de un solo dígito y múltiplos de 10. | 103

© 2019 Great Minds®. eureka-math.org

B

Respuestas correctas: _____

Mejora: _____

Multiplica por múltiplos de 10.

1.	$4 \times 2 =$		23.	$9 \times 40 =$	
2.	$4 \times 20 =$		24.	$90 \times 4 =$	
3.	$40 \times 2 =$		25.	$8 \times 6 =$	
4.	$3 \times 3 =$		26.	$80 \times 6 =$	
5.	$3 \times 30 =$		27.	$5 \times 2 =$	
6.	$30 \times 3 =$		28.	$5 \times 20 =$	
7.	$3 \times 2 =$		29.	$3 \times 80 =$	
8.	$3 \times 20 =$		30.	$40 \times 8 =$	
9.	$30 \times 2 =$		31.	$4 \times 50 =$	
10.	$5 \times 5 =$		32.	$8 \times 80 =$	
11.	$50 \times 5 =$		33.	$90 \times 6 =$	
12.	$5 \times 50 =$		34.	$6 \times 70 =$	
13.	$4 \times 3 =$		35.	$60 \times 6 =$	
14.	$40 \times 3 =$		36.	$7 \times 70 =$	
15.	$4 \times 30 =$		37.	$60 \times 5 =$	
16.	$7 \times 3 =$		38.	$6 \times 80 =$	
17.	$7 \times 30 =$		39.	$7 \times 80 =$	
18.	$70 \times 3 =$		40.	$80 \times 6 =$	
19.	$6 \times 4 =$		41.	$90 \times 7 =$	
20.	$60 \times 4 =$		42.	$8 \times 50 =$	
21.	$6 \times 40 =$		43.	$80 \times 9 =$	
22.	$9 \times 4 =$		44.	$7 \times 90 =$	

EUREKA MATH®   **Lección 21:**   Resolver problemas escritos de dos pasos que involucran la multiplicación de factores de un solo dígito y múltiplos de 10.   105

© 2019 Great Minds®. eureka-math.org

3.er grado
Módulo 4

Multiplica.

4 x 1 = _____   4 x 2 = _____   4 x 3 = _____   4 x 4 = _____

4 x 5 = _____   4 x 6 = _____   4 x 7 = _____   4 x 8 = _____

4 x 9 = _____   4 x 10 = _____   4 x 6 = _____   4 x 7 = _____

4 x 6 = _____   4 x 8 = _____   4 x 6 = _____   4 x 9 = _____

4 x 6 = _____   4 x 10 = _____   4 x 6 = _____   4 x 7 = _____

4 x 6 = _____   4 x 7 = _____   4 x 8 = _____   4 x 7 = _____

4 x 9 = _____   4 x 7 = _____   4 x 10 = _____   4 x 7 = _____

4 x 8 = _____   4 x 6 = _____   4 x 8 = _____   4 x 7 = _____

4 x 8 = _____   4 x 9 = _____   4 x 8 = _____   4 x 10 = _____

4 x 8 = _____   4 x 9 = _____   4 x 6 = _____   4 x 9 = _____

4 x 7 = _____   4 x 9 = _____   4 x 8 = _____   4 x 9 = _____

4 x 10 = _____   4 x 9 = _____   4 x 10 = _____   4 x 6 = _____

4 x 10 = _____   4 x 7 = _____   4 x 10 = _____   4 x 8 = _____

4 x 10 = _____   4 x 9 = _____   4 x 10 = _____   4 x 6 = _____

4 x 8 = _____   4 x 10 = _____   4 x 7 = _____   4 x 9 = _____

multiplicar por 4 (6–10)

Multiplica.

6 x 1 = _____   6 x 2 = _____   6 x 3 = _____   6 x 4 = _____

6 x 5 = _____   6 x 6 = _____   6 x 7 = _____   6 x 8 = _____

6 x 9 = _____   6 x 10 = _____   6 x 5 = _____   6 x 6 = _____

6 x 5 = _____   6 x 7 = _____   6 x 5 = _____   6 x 8 = _____

6 x 5 = _____   6 x 9 = _____   6 x 5 = _____   6 x 10 = _____

6 x 6 = _____   6 x 5 = _____   6 x 6 = _____   6 x 7 = _____

6 x 6 = _____   6 x 8 = _____   6 x 6 = _____   6 x 9 = _____

6 x 6 = _____   6 x 7 = _____   6 x 6 = _____   6 x 7 = _____

6 x 8 = _____   6 x 7 = _____   6 x 9 = _____   6 x 7 = _____

6 x 8 = _____   6 x 6 = _____   6 x 8 = _____   6 x 7 = _____

6 x 8 = _____   6 x 9 = _____   6 x 9 = _____   6 x 6 = _____

6 x 9 = _____   6 x 7 = _____   6 x 9 = _____   6 x 8 = _____

6 x 9 = _____   6 x 8 = _____   6 x 6 = _____   6 x 9 = _____

6 x 7 = _____   6 x 9 = _____   6 x 6 = _____   6 x 8 = _____

6 x 9 = _____   6 x 7 = _____   6 x 6 = _____   6 x 8 = _____

multiplicar por 6 (6–10)

Multiplica.

7 x 1 = _____   7 x 2 = _____   7 x 3 = _____   7 x 4 = _____

7 x 5 = _____   7 x 6 = _____   7 x 7 = _____   7 x 8 = _____

7 x 9 = _____   7 x 10 = _____   7 x 5 = _____   7 x 6 = _____

7 x 5 = _____   7 x 7 = _____   7 x 5 = _____   7 x 8 = _____

7 x 5 = _____   7 x 9 = _____   7 x 5 = _____   7 x 10 = _____

7 x 6 = _____   7 x 5 = _____   7 x 6 = _____   7 x 7 = _____

7 x 6 = _____   7 x 8 = _____   7 x 6 = _____   7 x 9 = _____

7 x 6 = _____   7 x 7 = _____   7 x 6 = _____   7 x 7 = _____

7 x 8 = _____   7 x 7 = _____   7 x 9 = _____   7 x 7 = _____

7 x 8 = _____   7 x 6 = _____   7 x 8 = _____   7 x 7 = _____

7 x 8 = _____   7 x 9 = _____   7 x 9 = _____   7 x 6 = _____

7 x 9 = _____   7 x 7 = _____   7 x 9 = _____   7 x 8 = _____

7 x 9 = _____   7 x 8 = _____   7 x 6 = _____   7 x 9 = _____

7 x 7 = _____   7 x 9 = _____   7 x 6 = _____   7 x 8 = _____

7 x 9 = _____   7 x 7 = _____   7 x 6 = _____   7 x 8 = _____

multiplicar por 7 (6–10)

Multiplica.

8 x 1 = _____   8 x 2 = _____   8 x 3 = _____   8 x 4 = _____

8 x 5 = _____   8 x 6 = _____   8 x 7 = _____   8 x 8 = _____

8 x 9 = _____   8 x 10 = _____   8 x 5 = _____   8 x 6 = _____

8 x 5 = _____   8 x 7 = _____   8 x 5 = _____   8 x 8 = _____

8 x 5 = _____   8 x 9 = _____   8 x 5 = _____   8 x 10 = _____

8 x 6 = _____   8 x 5 = _____   8 x 6 = _____   8 x 7 = _____

8 x 6 = _____   8 x 8 = _____   8 x 6 = _____   8 x 9 = _____

8 x 6 = _____   8 x 7 = _____   8 x 6 = _____   8 x 7 = _____

8 x 8 = _____   8 x 7 = _____   8 x 9 = _____   8 x 7 = _____

8 x 8 = _____   8 x 6 = _____   8 x 8 = _____   8 x 7 = _____

8 x 8 = _____   8 x 9 = _____   8 x 9 = _____   8 x 6 = _____

8 x 9 = _____   8 x 7 = _____   8 x 9 = _____   8 x 8 = _____

8 x 9 = _____   8 x 8 = _____   8 x 6 = _____   8 x 9 = _____

8 x 7 = _____   8 x 9 = _____   8 x 6 = _____   8 x 8 = _____

8 x 9 = _____   8 x 7 = _____   8 x 6 = _____   8 x 8 = _____

multiplicar por 8 (6–10)

Multiplica.

9 x 1 = _____   9 x 2 = _____   9 x 3 = _____   9 x 4 = _____

9 x 5 = _____   9 x 1 = _____   9 x 2 = _____   9 x 1 = _____

9 x 3 = _____   9 x 1 = _____   9 x 4 = _____   9 x 1 = _____

9 x 5 = _____   9 x 1 = _____   9 x 2 = _____   9 x 3 = _____

9 x 2 = _____   9 x 4 = _____   9 x 2 = _____   9 x 5 = _____

9 x 2 = _____   9 x 1 = _____   9 x 2 = _____   9 x 3 = _____

9 x 1 = _____   9 x 3 = _____   9 x 2 = _____   9 x 3 = _____

9 x 4 = _____   9 x 3 = _____   9 x 5 = _____   9 x 3 = _____

9 x 4 = _____   9 x 1 = _____   9 x 4 = _____   9 x 2 = _____

9 x 4 = _____   9 x 3 = _____   9 x 4 = _____   9 x 5 = _____

9 x 4 = _____   9 x 5 = _____   9 x 1 = _____   9 x 5 = _____

9 x 2 = _____   9 x 5 = _____   9 x 3 = _____   9 x 5 = _____

9 x 4 = _____   9 x 2 = _____   9 x 4 = _____   9 x 3 = _____

9 x 5 = _____   9 x 3 = _____   9 x 2 = _____   9 x 4 = _____

9 x 3 = _____   9 x 5 = _____   9 x 2 = _____   9 x 4 = _____

multiplicar por 9 (1–5)

Lección 15:   Aplicar los conocimientos de áreas para determinar las áreas de las habitaciones en un plano determinado.   117

© 2019 Great Minds®. eureka-math.org

Multiplica.

9 x 1 = _____   9 x 2 = _____   9 x 3 = _____   9 x 4 = _____

9 x 5 = _____   9 x 6 = _____   9 x 7 = _____   9 x 8 = _____

9 x 9 = _____   9 x 10 = _____   9 x 5 = _____   9 x 6 = _____

9 x 5 = _____   9 x 7 = _____   9 x 5 = _____   9 x 8 = _____

9 x 5 = _____   9 x 9 = _____   9 x 5 = _____   9 x 10 = _____

9 x 6 = _____   9 x 5 = _____   9 x 6 = _____   9 x 7 = _____

9 x 6 = _____   9 x 8 = _____   9 x 6 = _____   9 x 9 = _____

9 x 6 = _____   9 x 7 = _____   9 x 6 = _____   9 x 7 = _____

9 x 8 = _____   9 x 7 = _____   9 x 9 = _____   9 x 7 = _____

9 x 8 = _____   9 x 6 = _____   9 x 8 = _____   9 x 7 = _____

9 x 8 = _____   9 x 9 = _____   9 x 9 = _____   9 x 6 = _____

9 x 9 = _____   9 x 7 = _____   9 x 9 = _____   9 x 8 = _____

9 x 9 = _____   9 x 8 = _____   9 x 6 = _____   9 x 9 = _____

9 x 7 = _____   9 x 9 = _____   9 x 6 = _____   9 x 8 = _____

9 x 9 = _____   9 x 7 = _____   9 x 6 = _____   9 x 8 = _____

multiplicar por 9 (6–10)

Lección 16: Aplicar los conocimientos de áreas para determinar las áreas de las habitaciones en un plano determinado.

119

Créditos

Great Minds® ha hecho todos los esfuerzos para obtener permisos para la reimpresión de todo el material protegido por derechos de autor. Si algún propietario de material sujeto a derechos de autor no ha sido mencionado, favor ponerse en contacto con Great Minds para su debida mención en todas las ediciones y reimpresiones futuras.